1日 　たしざん （1）

5＋3, 6＋4の　けいさん

けいさんの　しかた

●に　おきかえると

❶ 5＋3 → ●●●●● ●●● → 8

●に　おきかえると

❷ 6＋4 → ●●●●● ●●●●● → 10

◻️を　うめて，けいさんの　しかたを　おぼえましょう。

❶ 5に　3を　たすと，① ◻️ に
なります。

　こたえは，5＋3＝① ◻️

このけいさんを
たしざんと　いう
よ。

❷ 6に　4を　たすと，② ◻️ に
なります。

　こたえは，6＋4＝② ◻️

おぼえよう　たしざんの　けいさんは，すうじを　●や　おはじきな
どに　おきかえて　かんがえます。

けいさんしてみよう

時間 ▶ 15分
【はやい10分・おそい20分】
合格 ▶ 16個
正答
／20個
シール

1 たしざんを しましょう。

① $2+6$

② $3+1$

③ $4+4$

④ $4+6$

⑤ $5+1$

⑥ $2+7$

⑦ $3+3$

⑧ $2+8$

⑨ $3+6$

⑩ $7+1$

⑪ $9+1$

⑫ $2+3$

⑬ $7+3$

⑭ $3+4$

⑮ $4+2$

⑯ $5+5$

⑰ $8+2$

⑱ $5+2$

⑲ $3+7$

⑳ $1+8$

2日 ひきざん (1)

5−3, 10−3の けいさん

けいさんの しかた

●に おきかえると

❶ 5−3 → ●●●◉◉ → 2

●に おきかえると

❷ 10−3 → ●●●●● / ●●◉◉◉ → 7

◻︎を うめて, けいさんの しかたを おぼえましょう。

❶ 5から 3を ひくと, ① ◻︎

に なります。

こたえは, 5−3=① ◻︎

この けいさんを
ひきざんと いう
よ。

❷ 10から 3を ひくと, ② ◻︎

に なります。

こたえは, 10−3=② ◻︎

おぼえよう　ひきざんの けいさんは, すうじを ●や おはじきな
どに おきかえて かんがえます。

けいさんしてみよう

時間 15分
【はやい10分・おそい20分】
合格 16個

正答
/20個

シール

1 ひきざんを しましょう。

① 3−2

② 6−4

③ 8−2

④ 5−1

⑤ 7−1

⑥ 9−7

⑦ 3−1

⑧ 10−9

⑨ 7−4

⑩ 8−3

⑪ 10−6

⑫ 7−6

⑬ 10−4

⑭ 6−2

⑮ 9−5

⑯ 10−2

⑰ 8−1

⑱ 10−5

⑲ 9−2

⑳ 10−8

1 たしざんを　しましょう。(1つ　5てん)

① 4+3　　　　② 2+4

③ 5+1　　　　④ 7+2

⑤ 8+2　　　　⑥ 2+1

⑦ 2+2　　　　⑧ 4+5

⑨ 7+3　　　　⑩ 6+3

2 ひきざんを　しましょう。(1つ　5てん)

① 5−2　　　　② 4−1

③ 10−3　　　　④ 8−5

⑤ 6−1　　　　⑥ 10−4

⑦ 9−4　　　　⑧ 8−7

⑨ 10−8　　　　⑩ 8−6

1 けいさんを しましょう。(1つ 5てん)

① 3+3　　　② 8+1

③ 6+4　　　④ 5+2

⑤ 3+6　　　⑥ 1+7

⑦ 9−5　　　⑧ 3−2

⑨ 10−1　　⑩ 8−3

⑪ 7−5　　　⑫ 10−7

★2 □に かずを かきましょう。(1つ 5てん)

① 2+□=9　　② □+3=8

③ 3+□=7　　④ □+5=10

⑤ □−4=1　　⑥ 10−□=4

⑦ □−4=6　　⑧ 7−□=6

6

4日 0の たしざん

4+0, 0+7, 0+0の けいさん

けいさんの しかた

●に おきかえると

❶ 4+0 → ●●●●+○ → 4

●に おきかえると

❷ 0+7 → ○+●●●●●●● → 7

●に おきかえると

❸ 0+0 → ○+○ → 0

▭を うめて, けいさんの しかたを おぼえましょう。

❶ 4に 0を たすと, ① ▭ に なります。

こたえは, 4+0=① ▭

❷ 0に 7を たすと, ② ▭ に なります。

こたえは, 0+7=② ▭

❸ 0に 0を たすと, ③ ▭ に なります。

こたえは, 0+0=③ ▭

おぼえよう どんな かずに 0を たしても, 0に どんな かず を たしても, こたえは もとの かずに なります。

けいさんしてみよう

時間 15分 【はやい10分・おそい20分】
合格 16個
正答 /20個
シール

1 たしざんを しましょう。

① $5+0$

② $0+3$

③ $0+8$

④ $9+0$

⑤ $10+0$

⑥ $6+0$

⑦ $0+2$

⑧ $4+0$

⑨ $0+1$

⑩ $3+0$

⑪ $0+9$

⑫ $8+0$

⑬ $0+0$

⑭ $0+4$

⑮ $7+0$

⑯ $1+0$

⑰ $0+6$

⑱ $0+10$

⑲ $2+0$

⑳ $0+5$

5日　0の　ひきざん

8−0, 6−6, 0−0の　けいさん

けいさんの　しかた

●に　おきかえると

❶ 8−0 → 8

●に　おきかえると

❷ 6−6 → 0

●に　おきかえると

❸ 0−0 → 0

□を　うめて，けいさんの　しかたを　おぼえましょう。

❶ 8から　0を　ひくと，　① □　に　なります。

こたえは，8−0＝① □

❷ 6から　6を　ひくと，　② □　に　なります。

こたえは，6−6＝② □

❸ 0から　0を　ひくと，　③ □　に　なります。

こたえは，0−0＝③ □

おぼえよう

どんな　かずから　0を　ひいても，こたえは　もとの　かずに　なります。また，ひかれる　かずと　ひく　かずが　おなじとき，こたえは　0に　なります。

9

時間 15分	正答
【はやい10分・おそい20分】	/20個
合格 16個	シール

けいさんしてみよう

1 ひきざんを しましょう。

① 2−0　　② 5−5

③ 7−7　　④ 9−0

⑤ 3−0　　⑥ 6−6

⑦ 4−4　　⑧ 4−0

⑨ 9−9　　⑩ 7−0

⑪ 2−2　　⑫ 10−0

⑬ 1−0　　⑭ 8−8

⑮ 0−0　　⑯ 3−3

⑰ 1−1　　⑱ 6−0

⑲ 10−10　　⑳ 5−0

1 たしざんを しましょう。(1つ 5てん)

① $0+6$　　　② $5+0$

③ $4+0$　　　④ $0+7$

⑤ $0+2$　　　⑥ $0+0$

⑦ $10+0$　　⑧ $0+3$

⑨ $9+0$　　　⑩ $0+8$

2 ひきざんを しましょう。(1つ 5てん)

① $3-0$　　　② $10-10$

③ $5-5$　　　④ $7-0$

⑤ $1-0$　　　⑥ $0-0$

⑦ $8-8$　　　⑧ $6-0$

⑨ $2-2$　　　⑩ $9-0$

1 けいさんを しましょう。（1つ 5てん）

① 0+4　　　　② 2-0

③ 6+0　　　　④ 7-7

⑤ 0+1　　　　⑥ 8-0

⑦ 3+0　　　　⑧ 9-9

⑨ 0+10　　　⑩ 5-0

⑪ 2+0　　　　⑫ 3-3

2 □に かずを かきましょう。（1つ 5てん）

① □+5=5　　　② 4-□=4

③ □+0=8　　　④ 4-□=0

⑤ □-6=0　　　⑥ 7+□=7

⑦ □-0=10　　 ⑧ 0+□=9

7日 3つの かずの たしざん（1）

3+2+4，5+3+2の けいさん

けいさんの しかた

❶ $3+2+4=5+4=9$
└ 先に けいさんする

❷ $5+3+2=8+2=10$
└ 先に けいさんする

□を うめて，けいさんの しかたを おぼえましょう。

❶ 3+2+4 は，まず 3+2=①☐
の けいさんを します。

つぎに，5+4=②☐ の けいさ
んを します。

こたえは，3+2+4=②☐

ひだりから じゅんに けいさんしよう。

❷ 5+3+2 は，まず 5+3=③☐ の けいさんを
します。

つぎに，8+2=④☐ の けいさんを します。

こたえは，5+3+2=④☐

おぼえよう　3つの かずの たしざんは，ひだりから みぎへ じゅんに けいさんします。

1 たしざんを しましょう。

① 6+2+1

② 4+2+2

③ 3+1+3

④ 1+5+3

⑤ 3+4+2

⑥ 2+1+6

⑦ 7+2+1

⑧ 4+4+2

⑨ 1+4+2

⑩ 5+1+3

⑪ 1+6+1

⑫ 1+1+5

⑬ 1+2+4

⑭ 2+5+1

⑮ 3+3+3

⑯ 5+2+3

⑰ 8+1+1

⑱ 2+3+4

⑲ 2+2+4

⑳ 4+3+1

8日 3つの かずの ひきざん (1)

8−3−2, 10−4−3の けいさん

けいさんの しかた

❶ $8-3-2=5-2=3$
└ 先に けいさんする

❷ $10-4-3=6-3=3$
└ 先に けいさんする

☐を うめて, けいさんの しかたを おぼえましょう。

❶ 8−3−2は, まず 8−3=①☐
の けいさんを します。

つぎに, 5−2=②☐ の けいさ
んを します。

こたえは, 8−3−2=②☐

ひだりから じゅんに けいさんしよう。

❷ 10−4−3は, まず 10−4=③☐ の けいさん
を します。

つぎに, 6−3=④☐ の けいさんを します。

こたえは, 10−4−3=④☐

おぼえよう　3つの かずの ひきざんは, ひだりから みぎへ じゅんに けいさんします。

けいさんしてみよう

時間▶15分
[はやい10分・おそい20分]
合格 16個

正答
／20個

シール

1 ひきざんを しましょう。

① 5−3−1

② 6−2−3

③ 9−4−2

④ 7−3−3

⑤ 10−1−7

⑥ 9−1−5

⑦ 8−1−4

⑧ 10−6−2

⑨ 9−3−1

⑩ 5−2−3

⑪ 10−7−1

⑫ 7−4−2

⑬ 9−6−2

⑭ 6−3−1

⑮ 10−5−4

⑯ 7−2−1

⑰ 6−1−5

⑱ 9−5−4

⑲ 8−2−4

⑳ 10−3−4

1 けいさんを しましょう。(1つ 5てん)

① 7+1+2

② 4+2+3

③ 2+2+3

④ 3+1+4

⑤ 9-2-3

⑥ 10-3-3

⑦ 8-3-1

⑧ 6-1-4

⑨ 6+1+2

⑩ 5+2+2

⑪ 1+3+5

⑫ 4+3+2

⑬ 5-3-2

⑭ 7-2-3

⑮ 10-6-4

⑯ 9-4-4

⑰ 3+3+2

⑱ 5+1+2

⑲ 10-1-3

⑳ 8-1-3

ふくしゅう テスト (6)

1 けいさんを しましょう。(1つ 5てん)

① 2+3+3　　　② 6+2+2

③ 6-2-2　　　④ 8-2-3

⑤ 5+3+1　　　⑥ 2+1+5

⑦ 10-4-4　　　⑧ 7-3-2

⑨ 1+4+4　　　⑩ 2+5+2

⑪ 9-1-4　　　⑫ 10-5-2

⑬ 3+2+5　　　⑭ 4+1+3

⑮ 9-5-3　　　⑯ 10-2-4

★2 □に かずを かきましょう。(1つ 5てん)

① 7-1-□=2　　　② 1+2+□=8

③ 9-3-□=0　　　④ 2+4+□=9

1 たしざんを しましょう。(1つ 5てん)

① 4+2　　　　② 3+6

③ 1+5　　　　④ 1+6

⑤ 8+0　　　　⑥ 0+9

⑦ 3+4+1　　　⑧ 5+1+4

⑨ 1+2+3　　　⑩ 2+5+2

2 ひきざんを しましょう。(1つ 5てん)

① 4−2　　　　② 8−3

③ 10−9　　　　④ 7−5

⑤ 3−0　　　　⑥ 6−6

⑦ 8−5−2　　　⑧ 10−1−4

⑨ 7−3−4　　　⑩ 9−3−4

まとめ テスト (2)

1 けいさんを しましょう。(1つ 5てん)

① 3+4

② 0+10

③ 5−3

④ 6−0

⑤ 7+2

⑥ 5−5

⑦ 2+4+1

⑧ 4+1+3

⑨ 6−3−2

⑩ 10−3−7

⑪ 1+3+6

⑫ 8−4−2

★2 □に かずを かきましょう。(1つ 5てん)

① 5+□=8

② □+3=9

③ 7−□=2

④ □−3=6

⑤ 4+1+□=9

⑥ 5+2+□=10

⑦ 8−5−□=2

⑧ 10−4−□=0

11日 3つの かずの たしざんと ひきざん (1)

5+2-3, 7+3-4の けいさん

けいさんの　しかた

❶ $5+2-3=7-3=4$
└ 先に けいさんする

❷ $7+3-4=10-4=6$
└ 先に けいさんする

☐を うめて, けいさんの しかたを おぼえましょう。

❶ 5+2-3は, まず 5+2=① ☐
の けいさんを します。

つぎに, 7-3=② ☐ の けいさ
んを します。

こたえは, 5+2-3=② ☐

ひだりから じゅんに けいさんしよう。

❷ 7+3-4は, まず 7+3=③ ☐ の けいさんを
します。

つぎに, 10-4=④ ☐ の けいさんを します。

こたえは, 7+3-4=④ ☐

おぼえよう　3つの かずの けいさんは, ひだりから みぎへ じゅんに けいさんします。

けいさんしてみよう

1 けいさんを しましょう。

① 5+1−4   ② 4+4−3

③ 3+6−2   ④ 6+4−2

⑤ 2+5−5   ⑥ 5+5−4

⑦ 4+6−3   ⑧ 2+7−6

⑨ 6+2−6   ⑩ 8+2−6

⑪ 7+1−3   ⑫ 3+3−5

⑬ 9+1−7   ⑭ 8+1−3

⑮ 3+7−5   ⑯ 5+3−3

⑰ 4+2−5   ⑱ 2+6−4

⑲ 7+2−6   ⑳ 6+3−5

12日 3つの かずの たしざんと ひきざん （2）

8−3+2, 10−4+3の けいさん

けいさんの しかた

❶ 8−3+2=5+2=7
  └ 先に けいさんする

❷ 10−4+3=6+3=9
  └ 先に けいさんする

□を うめて, けいさんの しかたを おぼえましょう。

❶ 8−3+2 は, まず 8−3=①☐
の けいさんを します。

つぎに, 5+2=②☐ の けいさ
んを します。

こたえは, 8−3+2=②☐

ひだりから じゅんに けいさんしよう。

❷ 10−4+3 は, まず 10−4=③☐ の けいさん
を します。

つぎに, 6+3=④☐ の けいさんを します。

こたえは, 10−4+3=④☐

おぼえよう　3つの かずの けいさんは, ひだりから みぎへ じゅんに けいさんします。

1 けいさんを しましょう。

① 8−2+3 　　　② 10−3+1

③ 9−4+1 　　　④ 7−4+3

⑤ 6−2+4 　　　⑥ 4−3+5

⑦ 7−3+1 　　　⑧ 10−8+7

⑨ 6−4+8 　　　⑩ 5−3+5

⑪ 10−2+1 　　　⑫ 9−7+4

⑬ 7−5+3 　　　⑭ 6−5+7

⑮ 5−1+3 　　　⑯ 9−3+4

⑰ 8−5+2 　　　⑱ 10−5+3

⑲ 9−6+7 　　　⑳ 8−4+5

1 けいさんを　しましょう。(1つ　5てん)

① 7−6+8

② 3−1+7

③ 4−1+4

④ 6−3+6

⑤ 5+4−7

⑥ 3+5−6

⑦ 6+2−2

⑧ 1+5−3

⑨ 7−1+2

⑩ 6−1+4

⑪ 5−2+5

⑫ 9−2+3

⑬ 4+3−6

⑭ 1+7−5

⑮ 2+4−2

⑯ 3+7−6

⑰ 4−2+6

⑱ 7−2+5

⑲ 1+6−7

⑳ 4+5−3

ふくしゅう テスト (8)

1 けいさんを しましょう。(1つ 5てん)

① 5−4+6　　　② 7−5+4

③ 1+8−2　　　④ 5+2−4

⑤ 7−3+6　　　⑥ 9−6+4

⑦ 2+6−7　　　⑧ 3+3−1

⑨ 10−6+4　　　⑩ 10−4+2

⑪ 4+4−5　　　⑫ 6+4−3

⑬ 9−4+3　　　⑭ 8−1+2

⑮ 1+9−7　　　⑯ 2+7−4

★
2 □に かずを かきましょう。(1つ 5てん)

① 8−4+□=6　　　② 5+2−□=3

③ 6−2+□=9　　　④ 7+3−□=8

14日 たしざん（2）

9+4の　けいさん

けいさんの　しかた

$$9 + 4$$

❶ 1　3

$9+4 \rightarrow$ ❷ $10 \rightarrow 13$

❸ 13

□を　うめて，けいさんの　しかたを　おぼえましょう。

❶ 4を　1と　①□□　に　わけます。

くり上がりの　ある　たしざんだよ。

❷ 9に　1を　たして，②□□　に　します。

❸ 10に　①□□　を　たすと，③□□　に　なります。

こたえは，9+4=③□□

おぼえよう　くり上がりの　ある　たしざんは，たす　かずを　2つ　の　かずに　わけて　10の　まとまりを　つくります。

けいさんしてみよう

時間 15分 【はやい10分・おそい20分】
合格 16個
正答 ／20個
シール

1 たしざんを しましょう。

① 9+5　　② 8+7

③ 7+4　　④ 9+8

⑤ 9+7　　⑥ 8+5

⑦ 7+9　　⑧ 9+9

⑨ 8+8　　⑩ 7+6

⑪ 6+9　　⑫ 8+3

⑬ 7+5　　⑭ 6+6

⑮ 8+6　　⑯ 7+7

⑰ 9+2　　⑱ 8+9

⑲ 6+8　　⑳ 9+3

 **15**日 **ひきざん (2)**

13-9の　けいさん

けいさんの　しかた

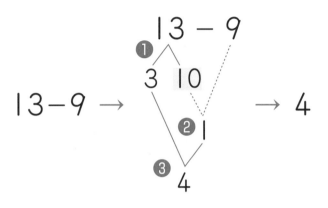

13-9 →　　　　　→　4

□を　うめて，けいさんの　しかたを　おぼえましょう。

❶ 13 を □① と　3に　わけます。

くり下がりの　ある　ひきざんだよ。

❷ □① から　9を　ひいて，

□② に　します。

❸ □② に　3を　たすと，□③

に　なります。

こたえは，13-9=□③

おぼえよう　くり下がりの　ある　ひきざんは，ひかれる　かずを
「10と　いくつ」に　わけて　かんがえます。

けいさんしてみよう

 時間 15分
【はやい10分・おそい20分】
合格 16個

 正答
/20個

 シール

1 ひきざんを しましょう。

① 14−8   ② 17−8

③ 16−9   ④ 14−6

⑤ 11−9   ⑥ 12−8

⑦ 13−6   ⑧ 14−9

⑨ 16−8   ⑩ 18−9

⑪ 11−7   ⑫ 13−7

⑬ 12−9   ⑭ 17−9

⑮ 15−7   ⑯ 15−8

⑰ 11−6   ⑱ 13−8

⑲ 12−7   ⑳ 16−7

1 たしざんを しましょう。(1つ 5てん)

① 5+9　　② 4+7

③ 6+5　　④ 7+8

⑤ 8+9　　⑥ 9+3

⑦ 9+7　　⑧ 7+6

⑨ 9+9　　⑩ 8+4

2 ひきざんを しましょう。(1つ 5てん)

① 12-7　　② 14-6

③ 13-9　　④ 11-5

⑤ 15-7　　⑥ 16-9

⑦ 14-8　　⑧ 12-3

⑨ 17-9　　⑩ 11-8

ふくしゅう テスト (10)

時間 15分
【はやい10分・おそい20分】
合格 80点

得点

点

シール

1 けいさんを しましょう。(1つ 5てん)

① 9+5

② 4+8

③ 7+9

④ 8+3

⑤ 5+7

⑥ 6+9

⑦ 7+4

⑧ 8+5

⑨ 12−6

⑩ 15−8

⑪ 13−4

⑫ 11−3

⑬ 15−9

⑭ 14−7

⑮ 16−7

⑯ 11−4

★2 □に かずを かきましょう。(1つ 5てん)

① 8+□=16

② □+9=14

③ 15−□=9

④ □−8=4

32

3つの　かずの　たしざん (2)

2＋7＋4，5＋3＋6の　けいさん

けいさんの　しかた

❶ $2+7+4=9+4=13$
　　└先に　けいさんする

❷ $5+3+6=8+6=14$
　　└先に　けいさんする

◯を　うめて，けいさんの　しかたを　おぼえましょう。

❶ 2＋7＋4 は，まず　2＋7＝◯①□
の　けいさんを　します。

つぎに，9＋4＝◯②□　の　けいさ
んを　します。

こたえは，2＋7＋4＝◯②□

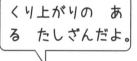
くり上がりの　あ
る　たしざんだよ。

❷ 5＋3＋6 は，まず　5＋3＝◯③□　の　けいさんを
します。

つぎに，8＋6＝◯④□　の　けいさんを　します。

こたえは，5＋3＋6＝◯④□

おぼえよう　3つの　かずの　たしざんは，左(ひだり)から　右(みぎ)へ　じゅんに
けいさんします。

けいさんしてみよう

1 たしざんを しましょう。

① 2+3+9

② 1+6+6

③ 4+3+5

④ 1+2+9

⑤ 6+3+5

⑥ 3+4+7

⑦ 1+8+2

⑧ 4+2+5

⑨ 2+2+8

⑩ 7+1+7

⑪ 8+1+7

⑫ 3+1+9

⑬ 1+7+3

⑭ 2+5+8

⑮ 2+6+5

⑯ 4+1+8

⑰ 5+4+6

⑱ 3+3+8

⑲ 5+1+7

⑳ 3+5+4

18日 3つの かずの ひきざん (2)

12-6-5, 14-7-4の けいさん

けいさんの しかた

❶ $12-6-5=6-5=1$
　　└ 先に けいさんする

❷ $14-7-4=7-4=3$
　　└ 先に けいさんする

☐を うめて, けいさんの しかたを おぼえましょう。

❶ 12-6-5は, まず 12-6=①☐
の けいさんを します。
つぎに, 6-5=②☐ の けいさん
を します。
こたえは, 12-6-5=②☐

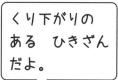

くり下がりの
ある ひきざん
だよ。

❷ 14-7-4は, まず 14-7=③☐ の けいさん
を します。
つぎに, 7-4=④☐ の けいさんを します。
こたえは, 14-7-4=④☐

おぼえよう　3つの かずの ひきざんは, 左から 右へ じゅんに
けいさんします。

けいさんしてみよう

時間 15分	正答	
【はやい10分・おそい20分】	/20個	シール
合格 16個		

1 ひきざんを しましょう。

① 12-7-2　　　② 15-8-5

③ 14-6-7　　　④ 13-7-4

⑤ 11-8-3　　　⑥ 15-7-3

⑦ 13-4-4　　　⑧ 18-9-8

⑨ 14-8-3　　　⑩ 11-2-5

⑪ 12-3-9　　　⑫ 13-9-2

⑬ 11-9-1　　　⑭ 12-4-8

⑮ 15-6-6　　　⑯ 11-4-6

⑰ 16-9-3　　　⑱ 17-9-4

⑲ 11-5-2　　　⑳ 14-9-4

ふくしゅう テスト (11)

1 けいさんを しましょう。(1つ 5てん)

① $1+5+8$　　　　② $3+2+6$

③ $7+1+5$　　　　④ $4+4+4$

⑤ $6+3+4$　　　　⑥ $2+5+9$

⑦ $8+2+7$　　　　⑧ $5+2+6$

⑨ $4+1+9$　　　　⑩ $6+2+3$

⑪ $15-7-4$　　　　⑫ $12-3-4$

⑬ $17-9-5$　　　　⑭ $13-6-7$

⑮ $14-6-7$　　　　⑯ $16-8-1$

⑰ $18-9-5$　　　　⑱ $11-5-4$

⑲ $13-4-6$　　　　⑳ $14-7-2$

1 けいさんを しましょう。(1つ 5てん)

① 3+3+9

② 5+4+8

③ 6+1+7

④ 1+3+9

⑤ 16-8-4

⑥ 18-9-1

⑦ 11-3-5

⑧ 14-7-7

⑨ 3+6+3

⑩ 5+2+6

⑪ 2+6+7

⑫ 8+1+4

⑬ 13-5-1

⑭ 15-7-8

⑮ 14-9-2

⑯ 12-6-4

★2 □に かずを かきましょう。(1つ 5てん)

① 3+4+□=13

② 14-8-□=4

③ 2+5+□=16

④ 16-9-□=5

時間 20分
【はやい15分・おそい25分】
合格 80点

得点

点

月　　日

シール

1 けいさんを しましょう。(1つ 5てん)

① 7+6

② 2+9

③ 12−5

④ 13−8

⑤ 9−5+1

⑥ 6−3+7

⑦ 8−3+4

⑧ 10−7+5

⑨ 1+6−4

⑩ 5+5−3

⑪ 5+1−5

⑫ 3+6−9

⑬ 2+6+8

⑭ 1+4+7

⑮ 5+2+9

⑯ 7+2+9

⑰ 13−8−4

⑱ 16−7−2

⑲ 12−5−7

⑳ 14−9−3

まとめ テスト (4)

1 けいさんを しましょう。(1つ 5てん)

① 3+9

② 8+7

③ 11−4

④ 15−6

⑤ 5−3+8

⑥ 10−1+2

⑦ 2+4−3

⑧ 7+1−5

⑨ 6+3+6

⑩ 2+4+8

⑪ 11−9−2

⑫ 15−7−2

2 □に かずを かきましょう。(1つ 5てん)

① 4+□=12

② □+9=15

③ 17−□=8

④ □−6=6

⑤ 5−3+□=9

⑥ 2+7−□=4

⑦ 1+6+□=13

⑧ 18−9−□=1

21日 3つの かずの たしざんと ひきざん (3)

7+8−9, 9+5−6の けいさん

けいさんの しかた

❶ $7+8-9=15-9=6$
　　└ 先に けいさんする

❷ $9+5-6=14-6=8$
　　└ 先に けいさんする

☐を うめて, けいさんの しかたを おぼえましょう。

❶ 7+8−9 は, まず 7+8=①☐
の けいさんを します。

つぎに, 15−9=②☐ の けい
さんを します。

こたえは, 7+8−9=②☐

くり上がりと くり下がりの ある けいさんだよ。

❷ 9+5−6 は, まず 9+5=③☐ の けいさんを
します。

つぎに, 14−6=④☐ の けいさんを します。

こたえは, 9+5−6=④☐

おぼえよう 　3つの かずの けいさんは, 左から 右へ じゅんに けいさんします。

41

けいさんしてみよう

1 けいさんを しましょう。

① $6+7-5$　　② $5+8-4$

③ $8+6-7$　　④ $7+9-8$

⑤ $4+8-3$　　⑥ $8+9-8$

⑦ $3+9-6$　　⑧ $3+8-2$

⑨ $5+9-7$　　⑩ $6+6-9$

⑪ $4+7-7$　　⑫ $7+9-8$

⑬ $5+8-6$　　⑭ $2+9-4$

⑮ $8+6-9$　　⑯ $6+8-5$

⑰ $3+9-8$　　⑱ $9+1-2$

⑲ $7+7-5$　　⑳ $8+4-9$

22日 3つの かずの たしざんと ひきざん（4）

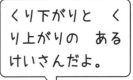

月　日

12−6+3, 14−8+7の けいさん

けいさんの　しかた

❶ $12-6+3=6+3=9$
└ 先に けいさんする

❷ $14-8+7=6+7=13$
└ 先に けいさんする

▱を うめて, けいさんの しかたを おぼえましょう。

❶ $12-6+3$は, まず $12-6=$ ⓵▯ の けいさん
を します。

つぎに, $6+3=$ ②▯ の けいさんを します。

こたえは, $12-6+3=$ ②▯

❷ $14-8+7$は, まず $14-8=$ ③▯
の けいさんを します。

つぎに, $6+7=$ ④▯ の けいさん
を します。

こたえは, $14-8+7=$ ④▯

> くり下がりと く
> り上がりの ある
> けいさんだよ。

おぼえよう

3つの かずの けいさんは, 左から 右へ じゅんに
けいさんします。

43

1 けいさんを しましょう。

① 15−7+1

② 12−6+2

③ 11−8+3

④ 13−6+1

⑤ 16−9+2

⑥ 14−7+1

⑦ 12−8+4

⑧ 15−9+3

⑨ 13−7+2

⑩ 11−5+3

⑪ 14−6+8

⑫ 13−9+8

⑬ 15−7+3

⑭ 12−3+6

⑮ 16−8+5

⑯ 12−6+8

⑰ 17−9+9

⑱ 13−4+6

⑲ 12−5+6

⑳ 15−8+7

23日 ふくしゅうテスト (13)

1 けいさんを しましょう。(1つ 5てん)

① $5+8-6$

② $3+9-4$

③ $9+2-3$

④ $8+4-5$

⑤ $7+4-3$

⑥ $6+5-7$

⑦ $9+2-4$

⑧ $4+9-8$

⑨ $8+8-8$

⑩ $5+9-8$

⑪ $16-8+1$

⑫ $11-7+3$

⑬ $15-9+2$

⑭ $14-8+1$

⑮ $12-7+3$

⑯ $13-5+7$

⑰ $16-8+9$

⑱ $18-9+6$

⑲ $13-6+9$

⑳ $14-6+5$

45

ふくしゅう テスト (14)

1 けいさんを しましょう。 (1つ 5てん)

① 7+6-8

② 9+4-5

③ 3+8-3

④ 6+5-8

⑤ 15-9+2

⑥ 13-8+4

⑦ 12-7+6

⑧ 16-7+9

⑨ 5+9-5

⑩ 7+8-8

⑪ 8+6-7

⑫ 6+9-7

⑬ 14-8+3

⑭ 11-7+4

⑮ 16-9+5

⑯ 15-9+8

★2 □に かずを かきましょう。 (1つ 5てん)

① 6+9-□=7

② 17-9+□=9

③ 3+8-□=4

④ 12-6+□=13

24日 なん十の たしざん

30+30, 20+80の けいさん

けいさんの しかた

❶ 30+30 → 10 が 3+3=6（こ）→ 60

❷ 20+80 → 10 が 2+8=10（こ）→ 100

□を うめて, けいさんの しかたを おぼえましょう。

❶ ① [　　　] の まとまりを かんがえ

ると, 3+3=② [　　　]（こ）に なる

ので, ② [　　　] の 右(みぎ)に 0を つ

けて, ③ [　　　] に します。

こたえは, 30+30=③ [　　　]

十のくらいの かずを けいさんするんだよ。

❷ ④ [　　　] の まとまりを かんがえると,

2+8=⑤ [　　　]（こ）に なるので, ⑤ [　　　] の 右

に 0を つけて, ⑥ [　　　] に します。

こたえは, 20+80=⑥ [　　　]

おぼえよう なん十の たしざんは 10の まとまりが なんこ
あるかを かんがえます。

1 たしざんを しましょう。

① 10＋30　　② 60＋30

③ 20＋40　　④ 40＋30

⑤ 40＋60　　⑥ 10＋70

⑦ 50＋40　　⑧ 20＋20

⑨ 60＋10　　⑩ 20＋70

⑪ 20＋30　　⑫ 10＋90

⑬ 30＋60　　⑭ 40＋10

⑮ 30＋70　　⑯ 70＋20

2 たしざんを しましょう。

① 20＋30＋20

② 20＋10＋40

③ 30＋10＋20

④ 50＋10＋40

25日 なん十の ひきざん

60−40, 100−20の けいさん

けいさんの しかた

❶ 60−40 → 10が 6−4＝2（こ）→ 20

❷ 100−20 → 10が 10−2＝8（こ）→ 80

□を うめて, けいさんの しかたを おぼえましょう。

❶ ①[　　　] の まとまりを かんがえ

ると, 6−4＝②[　　　]（こ）に なる

ので, ②[　　　] の 右（みぎ）に 0を つ

けて, ③[　　　] に します。

こたえは, 60−40＝③[　　　]

十のくらいの かずを けいさんするんだよ。

❷ ④[　　　] の まとまりを かんがえると,

10−2＝⑤[　　　]（こ）に なるので, ⑤[　　　] の 右

に 0を つけて, ⑥[　　　] に します。

こたえは, 100−20＝⑥[　　　]

おぼえよう

なん十の ひきざんは 10の まとまりが なんこ
あるかを かんがえます。

1 ひきざんを しましょう。

① 50−30   ② 70−40

③ 70−60   ④ 60−10

⑤ 90−30   ⑥ 100−70

⑦ 30−20   ⑧ 70−30

⑨ 100−80   ⑩ 60−20

⑪ 50−40   ⑫ 80−40

⑬ 40−10   ⑭ 100−60

⑮ 80−20   ⑯ 90−10

★
2 ひきざんを しましょう。

① 70−10−30

② 80−30−20

③ 100−50−20

④ 70−50−10

26日 ふくしゅうテスト (15)

1 たしざんを しましょう。(1つ 5てん)

① 40+20　　② 10+60

③ 70+10　　④ 30+70

⑤ 20+10　　⑥ 60+20

⑦ 40+50　　⑧ 80+10

⑨ 50+50　　⑩ 50+20

2 ひきざんを しましょう。(1つ 5てん)

① 60−50　　② 20−10

③ 50−20　　④ 40−20

⑤ 70−50　　⑥ 100−30

⑦ 40−30　　⑧ 60−30

⑨ 90−40　　⑩ 100−40

1 けいさんを しましょう。(1つ 5てん)

① 30+40　　② 10+80

③ 50+30　　④ 30+50

⑤ 10+10　　⑥ 80+20

⑦ 50-10　　⑧ 90-70

⑨ 100-10　　⑩ 90-50

⑪ 70-20　　⑫ 80-50

★
2 けいさんを しましょう。(1つ 5てん)

① 10+20+10

② 10+40+20

③ 20+40+10

④ 20+20+60

⑤ 60-30-10

⑥ 80-30-10

⑦ 100-30-40

⑧ 70-10-50

27日 たしざん (3)

40＋5, 34＋3の けいさん

けいさんの しかた

❶ 40＋5 →

＋のくらい	一のくらい
4	5

→ 45

❷ 34＋3 →

＋のくらい	一のくらい
3	4＋3

→ 37

□を うめて, けいさんの しかたを おぼえましょう。

❶ 40と 5で ①[　　　] に なります。

こたえは, 40＋5＝①[　　　]

❷ まず ②[　　　] のくらいの かずを けいさんすると,

4＋3＝③[　　　] に なります。

つぎに 30と ③[　　　] で, ④[　　　] に なります。

こたえは, 34＋3＝④[　　　]

おぼえよう （2けた）＋（1けた）の けいさんで くり上がりの ないときは, 十のくらいは そのままに して, 一のくらいを けいさんします。

けいさんしてみよう

1 たしざんを しましょう。

① 30＋2

② 53＋3

③ 27＋1

④ 80＋7

⑤ 10＋9

⑥ 31＋6

⑦ 74＋2

⑧ 70＋6

⑨ 41＋3

⑩ 86＋2

⑪ 50＋4

⑫ 61＋2

⑬ 25＋4

⑭ 60＋8

⑮ 72＋2

⑯ 83＋5

⑰ 3＋40

⑱ 7＋22

⑲ 8＋20

⑳ 5＋42

ひきざん (3)

54−4, 37−3の　けいさん

けいさんの　しかた

❶ 54−4 →

十のくらい	一のくらい
5	4−4

→ 50

❷ 37−3 →

十のくらい	一のくらい
3	7−3

→ 34

▢を　うめて，けいさんの　しかたを　おぼえましょう。

❶ 54 から　4を　とると，▢① ▢① に　なります。

こたえは，54−4=▢①

❷ まず　▢② のくらいの　かずを　けいさんすると，

7−3=▢③ に　なります。

つぎに　30と　▢③ で，▢④ に　なります。

こたえは，37−3=▢④

おぼえよう

（2けた）−（1けた）の　けいさんで　くり下がりの　ないときは，十のくらいは　そのままに　して，一のくらいを　けいさんします。

1 ひきざんを しましょう。

① 93 − 1

② 76 − 6

③ 95 − 4

④ 48 − 3

⑤ 26 − 5

⑥ 32 − 2

⑦ 59 − 9

⑧ 68 − 6

⑨ 85 − 2

⑩ 39 − 7

⑪ 61 − 1

⑫ 87 − 7

⑬ 78 − 1

⑭ 49 − 4

⑮ 23 − 3

⑯ 19 − 6

⑰ 29 − 2

⑱ 58 − 4

⑲ 64 − 4

⑳ 77 − 5

1 たしざんを しましょう。(1つ 5てん)

① 42+5　　② 10+3

③ 71+7　　④ 32+7

⑤ 24+2　　⑥ 66+2

⑦ 22+3　　⑧ 63+4

⑨ 62+7　　⑩ 5+40

2 ひきざんを しましょう。(1つ 5てん)

① 65-5　　② 18-5

③ 25-1　　④ 67-7

⑤ 78-3　　⑥ 44-3

⑦ 33-3　　⑧ 69-5

⑨ 94-4　　⑩ 97-2

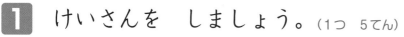

ふくしゅう テスト (18)

1 けいさんを しましょう。(1つ 5てん)

① 43+2

② 32+5

③ 51+5

④ 4+73

⑤ 6+33

⑥ 84+5

⑦ 50+8

⑧ 7+30

⑨ 79−7

⑩ 36−6

⑪ 58−5

⑫ 39−4

⑬ 42−2

⑭ 59−6

⑮ 28−6

⑯ 98−7

★2 □に かずを かきましょう。(1つ 5てん)

① 14+□=16

② □+9=39

③ 17−□=13

④ □−8=11

58

1 けいさんを しましょう。(1つ 5てん)

① 14−6+1

② 11−7+2

③ 8+5−1

④ 8+8−3

⑤ 15−8+3

⑥ 4+6−9

⑦ 11−7+8

⑧ 12−4+7

⑨ 8+5−4

⑩ 9+7−8

2 けいさんを しましょう。(1つ 5てん)

① 40+30

② 20+50

③ 32+4

④ 52+3

⑤ 4+25

⑥ 50−20

⑦ 80−10

⑧ 59−9

⑨ 27−5

⑩ 77−4

1 けいさんを しましょう。(1つ 5てん)

① 20+70　　② 90+10

③ 43+5　　④ 8+51

⑤ 90−30　　⑥ 100−50

⑦ 46−1　　⑧ 63−2

⑨ 12−9+4　　⑩ 3+8−1

⑪ 15−6+9　　⑫ 4+9−5

⑬ 11−6+7　　⑭ 5+6−7

2 □に かずを かきましょう。(1つ 5てん)

① 13+□=18　　② □+6=36

③ 28−□=24　　④ □−5=42

⑤ 16−7+□=14　　⑥ 9+4−□=5

しんきゅうテスト(1)

1 たしざんを しましょう。（1つ 2てん）

① 2+6　　　　② 5+2

③ 4+3　　　　④ 0+8

⑤ 10+0　　　⑥ 4+7

⑦ 8+4　　　　⑧ 7+5

⑨ 9+3　　　　⑩ 8+8

2 ひきざんを しましょう。（1つ 2てん）

① 9−6　　　　② 5−3

③ 7−4　　　　④ 8−8

⑤ 4−0　　　　⑥ 0−0

⑦ 13−8　　　⑧ 15−9

⑨ 12−9　　　⑩ 16−7

3 けいさんを しましょう。(1つ 3てん)

① $50+40$ ② $70-20$

③ $35-2$ ④ $82+6$

⑤ $30+60$ ⑥ $18+1$

⑦ $25-5$ ⑧ $40-40$

⑨ $43+6$ ⑩ $75-4$

4 けいさんを しましょう。(1つ 3てん)

① $4+3+2$ ② $9-5-4$

③ $18-9-4$ ④ $3+4+6$

⑤ $8-5+2$ ⑥ $2+7-5$

⑦ $6+5-9$ ⑧ $12-5+7$

⑨ $4+9-9$ ⑩ $14-7+8$

★ しんきゅうテスト(2)

1 たしざんを しましょう。(1つ 2てん)

① 5+3　　② 1+8

③ 4+6　　④ 7+0

⑤ 0+0　　⑥ 6+6

⑦ 3+8　　⑧ 5+5

⑨ 6+2　　⑩ 9+9

2 ひきざんを しましょう。(1つ 2てん)

① 7−5　　② 2−1

③ 6−3　　④ 8−0

⑤ 4−4　　⑥ 9−7

⑦ 12−8　　⑧ 15−6

⑨ 17−9　　⑩ 16−8

3 けいさんを しましょう。(1つ 3てん)

① $30+20$ ② $60-10$

③ $47+2$ ④ $76-5$

⑤ $40+40$ ⑥ $100-90$

⑦ $92+7$ ⑧ $68-3$

⑨ $56+1$ ⑩ $75+4$

4 けいさんを しましょう。(1つ 3てん)

① $4+5+8$ ② $7-3-2$

③ $11-6+3$ ④ $1+4-5$

⑤ $2+6+1$ ⑥ $13-8-4$

⑦ $8-7+6$ ⑧ $5+9-3$

⑨ $15-7+9$ ⑩ $3+7-9$

1　たしざんを　しましょう。（1つ　2てん）

① 4+2　　② 6+3

③ 0+5　　④ 9+0

⑤ 2+8　　⑥ 7+1

⑦ 6+9　　⑧ 5+8

⑨ 7+7　　⑩ 0+4

2　ひきざんを　しましょう。（1つ　2てん）

① 4-2　　② 6-6

③ 9-4　　④ 7-1

⑤ 5-0　　⑥ 8-3

⑦ 11-6　　⑧ 14-7

⑨ 17-8　　⑩ 13-5

3 けいさんを しましょう。(1つ 3てん)

① 60+20　　② 50−50

③ 82+5　　④ 66−1

⑤ 30+40　　⑥ 90−60

⑦ 23+4　　⑧ 98−8

⑨ 61+8　　⑩ 56−3

4 けいさんを しましょう。(1つ 3てん)

① 3+1+4　　② 12−9−2

③ 7−4+4　　④ 6+9−8

⑤ 5+2+1　　⑥ 9−6−3

⑦ 14−8+1　　⑧ 2+5−7

⑨ 5+4+9　　⑩ 16−7−6

こ た え 計算 12級

●1ページ

□内 ①8 ②10

●2ページ

1 ①8 ②4 ③8 ④10 ⑤6 ⑥9 ⑦6
⑧10 ⑨9 ⑩8 ⑪10 ⑫5 ⑬10 ⑭7
⑮6 ⑯10 ⑰10 ⑱7 ⑲10 ⑳9

<チェックポイント> （1けた）＋（1けた）で，く
り上がりのない場合と，答えが10になる場合
の計算を扱っています。数を●を使った図で考
えます。正確にしかもはやく計算ができるまで
くり返し練習させてください。

けいさんの しかた

①2+6 → → 8

②3+1 → → 4

③4+4 → → 8

④4+6 → → 10

⑤5+1 → → 6

⑥2+7 → → 9

⑦3+3 → → 6

⑧2+8 → → 10

⑨3+6 → → 9

⑩7+1 → → 8

⑪9+1 → → 10

⑫2+3 → → 5

⑬7+3 → → 10

⑭3+4 → → 7

⑮4+2 → → 6

⑯5+5 → → 10

⑰8+2 → → 10

⑱5+2 → → 7

⑲3+7 → → 10

⑳1+8 → → 9

●3ページ

□内 ①2 ②7

●4ページ

1 ①1 ②2 ③6 ④4 ⑤6 ⑥2 ⑦2
⑧1 ⑨3 ⑩5 ⑪4 ⑫1 ⑬6 ⑭4
⑮4 ⑯8 ⑰7 ⑱5 ⑲7 ⑳2

<チェックポイント> （1けた）－（1けた）と 10
－（1けた）の計算を扱っています。数を●を
使った図で考えます。正確にしかもはやく計算
ができるまでくり返し練習させてください。

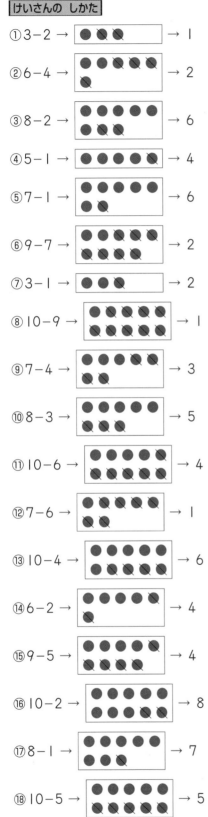

① 3−2 → ● ● ● → 1

② 6−4 → → 2

③ 8−2 → → 6

④ 5−1 → ● ● ● ● ● → 4

⑤ 7−1 → → 6

⑥ 9−7 → → 2

⑦ 3−1 → ● ● ● → 2

⑧ 10−9 → → 1

⑨ 7−4 → → 3

⑩ 8−3 → → 5

⑪ 10−6 → → 4

⑫ 7−6 → → 1

⑬ 10−4 → → 6

⑭ 6−2 → → 4

⑮ 9−5 → → 4

⑯ 10−2 → → 8

⑰ 8−1 → → 7

⑱ 10−5 → → 5

⑲ 9−2 → → 7

⑳ 10−8 →  → 2

●5ページ

1 ①7 ②6 ③6 ④9 ⑤10 ⑥3 ⑦4
⑧9 ⑨10 ⑩9

2 ①3 ②3 ③7 ④3 ⑤5 ⑥6 ⑦5
⑧1 ⑨2 ⑩2

●6ページ

1 ①6 ②9 ③10 ④7 ⑤9 ⑥8 ⑦4
⑧1 ⑨9 ⑩5 ⑪2 ⑫3

2 ①7 ②5 ③4 ④5 ⑤5 ⑥6 ⑦10
⑧1

◀チェックポイント▶ ① 2はあといくつで9にな
るかを考えさせます。
⑤いくつから4をとると1になるかを考えさ
せます。
⑥10からいくつとると4になるかを考えさせ
ます。
□のある計算では，□にあてはまる数を求めた
あと，その答えを□にあてはめて確認させるよ
うにしてください。

けいさんの しかた

①2+□=9 → □=9−2 → □=7
　（たしかめ）2+7=9

⑤□−4=1 → □=1+4 → □=5
　（たしかめ）5−4=1

⑥10−□=4 → □=10−4 → □=6
　（たしかめ）10−6=4

●7ページ

□内 ①4 ②7 ③0

●8ページ

1 ①5 ②3 ③8 ④9 ⑤10 ⑥6 ⑦2
⑧4 ⑨1 ⑩3 ⑪9 ⑫8 ⑬0 ⑭4
⑮7 ⑯1 ⑰6 ⑱10 ⑲2 ⑳5

◀チェックポイント▶ どんな数に0をたしても，0
にどんな数をたしても，答えはもとの数になり
ます。

けいさんの しかた

① 5+0 → ●●●●● +○ → 5
② 0+3 → ○+ ●●● → 3
③ 0+8 → ○+ ●●●●●●●● → 8
④ 9+0 → ●●●●●●●●● +○
　 → 9
⑤ 10+0 → ●●●●●●●●●● +○
　 → 10
⑥ 6+0 → ●●●●●● +○ → 6
⑦ 0+2 → ○+ ●● → 2
⑧ 4+0 → ●●●● +○ → 4
⑨ 0+1 → ○+ ● → 1
⑩ 3+0 → ●●● +○ → 3
⑪ 0+9 → ○+ ●●●●●●●●●
　 → 9
⑫ 8+0 → ●●●●●●●● +○ → 8
⑬ 0+0 → ○+○ → 0
⑭ 0+4 → ○+ ●●●● → 4
⑮ 7+0 → ●●●●●●● +○ → 7
⑯ 1+0 → ● +○ → 1
⑰ 0+6 → ○+ ●●●●●● → 6
⑱ 0+10 → ○+ ●●●●●●●●●●
　 → 10
⑲ 2+0 → ●● +○ → 2
⑳ 0+5 → ○+ ●●●●● → 5

●9ページ

□内　①8　②0　③0

●10ページ

1　①2　②0　③0　④9　⑤3　⑥0　⑦0
　⑧4　⑨0　⑩7　⑪0　⑫10　⑬1　⑭0
　⑮0　⑯0　⑰0　⑱6　⑲0　⑳5

チェックポイント どんな数から0をひいても，
答えはもとの数になります。また，ひかれる数
とひく数が同じとき，答えは0になります。

けいさんの しかた

① 2-0 → ●● -○ → 2
② 5-5 → ⦸⦸⦸⦸⦸ → 0

③ 7-7 → ⦸⦸⦸⦸⦸⦸⦸ → 0
④ 9-0 → ●●●●●●●●● -○ → 9
⑤ 3-0 → ●●● -○ → 3
⑥ 6-6 → ⦸⦸⦸⦸⦸⦸ → 0
⑦ 4-4 → ⦸⦸⦸⦸ → 0
⑧ 4-0 → ●●●● -○ → 4
⑨ 9-9 → ⦸⦸⦸⦸⦸⦸⦸⦸⦸ → 0
⑩ 7-0 → ●●●●●●● -○ → 7
⑪ 2-2 → ⦸⦸ → 0
⑫ 10-0 → ●●●●●●●●●● -○
　 → 10
⑬ 1-0 → ● -○ → 1
⑭ 8-8 → ⦸⦸⦸⦸⦸⦸⦸⦸ → 0
⑮ 0-0 → ⦸ → 0
⑯ 3-3 → ⦸⦸⦸ → 0
⑰ 1-1 → ⦸ → 0
⑱ 6-0 → ●●●●●● -○ → 6
⑲ 10-10 → ⦸⦸⦸⦸⦸⦸⦸⦸⦸⦸
　 → 0
⑳ 5-0 → ●●●●● -○ → 5

●11ページ

1　①6　②5　③4　④7　⑤2　⑥0　⑦10
　⑧3　⑨9　⑩8

2　①3　②0　③0　④7　⑤1　⑥0　⑦0
　⑧6　⑨0　⑩9

●12ページ

1　①4　②2　③6　④0　⑤1　⑥8　⑦3
　⑧0　⑨10　⑩5　⑪2　⑫0

2　①0　②0　③8　④4　⑤6　⑥0　⑦10
　⑧9

●13ページ

□内　①5　②9　③8　④10

●14ページ

1　①9　②8　③7　④9　⑤9　⑥9　⑦10
　⑧10　⑨7　⑩9　⑪8　⑫7　⑬7　⑭8
　⑮9　⑯10　⑰10　⑱9　⑲8　⑳8

けいさんの しかた

①6+2+1=8+1=9

②4+2+2=6+2=8

③3+1+3=4+3=7

④1+5+3=6+3=9

⑤3+4+2=7+2=9

⑥2+1+6=3+6=9

⑦7+2+1=9+1=10

⑧4+4+2=8+2=10

⑨1+4+2=5+2=7

⑩5+1+3=6+3=9

⑪1+6+1=7+1=8

⑫1+1+5=2+5=7

⑬1+2+4=3+4=7

⑭2+5+1=7+1=8

⑮3+3+3=6+3=9

⑯5+2+3=7+3=10

⑰8+1+1=9+1=10

⑱2+3+4=5+4=9

⑲2+2+4=4+4=8

⑳4+3+1=7+1=8

●**15 ページ**

□内 ①5 ②3 ③6 ④3

●**16 ページ**

1 ①1 ②1 ③3 ④1 ⑤2 ⑥3 ⑦3
⑧2 ⑨5 ⑩0 ⑪2 ⑫1 ⑬1 ⑭2
⑮1 ⑯4 ⑰0 ⑱0 ⑲2 ⑳3

けいさんの しかた

①5-3-1=2-1=1

②6-2-3=4-3=1

③9-4-2=5-2=3

④7-3-3=4-3=1

⑤10-1-7=9-7=2

⑥9-1-5=8-5=3

⑦8-1-4=7-4=3

⑧10-6-2=4-2=2

⑨9-3-1=6-1=5

⑩5-2-3=3-3=0

⑪10-7-1=3-1=2

⑫7-4-2=3-2=1

⑬9-6-2=3-2=1

⑭6-3-1=3-1=2

⑮10-5-4=5-4=1

⑯7-2-1=5-1=4

⑰6-1-5=5-5=0

⑱9-5-4=4-4=0

⑲8-2-4=6-4=2

⑳10-3-4=7-4=3

●**17 ページ**

1 ①10 ②9 ③7 ④8 ⑤4 ⑥4 ⑦4
⑧1 ⑨9 ⑩9 ⑪9 ⑫9 ⑬0 ⑭2
⑮0 ⑯1 ⑰8 ⑱8 ⑲6 ⑳4

●**18 ページ**

1 ①8 ②10 ③2 ④3 ⑤9 ⑥8 ⑦2
⑧2 ⑨9 ⑩9 ⑪4 ⑫3 ⑬10 ⑭8
⑮1 ⑯4

2 ①4 ②5 ③6 ④3

けいさんの しかた

①7-1-□=2 → 6-□=2 → □=6-2
→ □=4
（たしかめ）7-1-4=6-4=2

②1+2+□=8 → 3+□=8 → □=8-3
→ □=5
（たしかめ）1+2+5=3+5=8

●**19 ページ**

1 ①6 ②9 ③6 ④7 ⑤8 ⑥9 ⑦8

⑧10 ⑨6 ⑩9

2 ①2 ②5 ③1 ④2 ⑤3 ⑥0 ⑦1
⑧5 ⑨0 ⑩2

●20 ページ

1 ①7 ②10 ③2 ④6 ⑤9 ⑥0 ⑦7
⑧8 ⑨1 ⑩0 ⑪10 ⑫2

2 ①3 ②6 ③5 ④9 ⑤4 ⑥3 ⑦1 ⑧6

●21 ページ

☐内 ①7 ②4 ③10 ④6

●22 ページ

1 ①2 ②5 ③7 ④8 ⑤2 ⑥6 ⑦7
⑧3 ⑨2 ⑩4 ⑪5 ⑫1 ⑬3 ⑭6
⑮5 ⑯5 ⑰1 ⑱4 ⑲3 ⑳4

◀チェックポイント▶ 3つの数の計算は，左から右
へ順にします。

けいさんの しかた

①5+1−4=6−4=2
②4+4−3=8−3=5
③3+6−2=9−2=7
④6+4−2=10−2=8
⑤2+5−5=7−5=2
⑥5+5−4=10−4=6
⑦4+6−3=10−3=7
⑧2+7−6=9−6=3
⑨6+2−6=8−6=2
⑩8+2−6=10−6=4
⑪7+1−3=8−3=5
⑫3+3−5=6−5=1
⑬9+1−7=10−7=3
⑭8+1−3=9−3=6
⑮3+7−5=10−5=5
⑯5+3−3=8−3=5
⑰4+2−5=6−5=1
⑱2+6−4=8−4=4
⑲7+2−6=9−6=3
⑳6+3−5=9−5=4

●23 ページ

☐内 ①5 ②7 ③6 ④9

●24 ページ

1 ①9 ②8 ③6 ④6 ⑤8 ⑥6 ⑦5
⑧9 ⑨10 ⑩7 ⑪9 ⑫6 ⑬5 ⑭8
⑮7 ⑯10 ⑰5 ⑱8 ⑲10 ⑳9

◀チェックポイント▶ ●−▲+■ の形の3つの数
の計算では，▲+■ を先に計算すると間違い
になるので特に注意させてください。

けいさんの しかた

①8−2+3=6+3=9
②10−3+1=7+1=8
③9−4+1=5+1=6
④7−4+3=3+3=6
⑤6−2+4=4+4=8
⑥4−3+5=1+5=6
⑦7−3+1=4+1=5
⑧10−8+7=2+7=9
⑨6−4+8=2+8=10
⑩5−3+5=2+5=7
⑪10−2+1=8+1=9
⑫9−7+4=2+4=6
⑬7−5+3=2+3=5
⑭6−5+7=1+7=8
⑮5−1+3=4+3=7
⑯9−3+4=6+4=10
⑰8−5+2=3+2=5
⑱10−5+3=5+3=8
⑲9−6+7=3+7=10
⑳8−4+5=4+5=9

●25 ページ

1 ①9 ②9 ③7 ④9 ⑤2 ⑥2 ⑦6
⑧3 ⑨8 ⑩9 ⑪8 ⑫10 ⑬1 ⑭3
⑮4 ⑯4 ⑰8 ⑱10 ⑲0 ⑳6

●26 ページ

1 ①7 ②6 ③7 ④3 ⑤10 ⑥7 ⑦1
⑧5 ⑨8 ⑩8 ⑪3 ⑫7 ⑬8 ⑭9

⑮3 ⑯5

2 ①2 ②4 ③5 ④2

●27ページ

▭内 ①3 ②10 ③13

●28ページ

1 ①14 ②15 ③11 ④17 ⑤16 ⑥13
⑦16 ⑧18 ⑨16 ⑩13 ⑪15 ⑫11
⑬12 ⑭12 ⑮14 ⑯14 ⑰11 ⑱17
⑲14 ⑳12

◆チェックポイント◆ （1けた)+(1けた）でくり
上がりのある計算は，1年生のたし算で，基礎
になる大切な内容です
たされる数との和が10になるように，たす数
を分解することがポイントです。

けいさんの しかた

① $9 + 5 = 14$
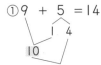

② $8 + 7 = 15$

③ $7 + 4 = 11$
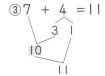

④ $9 + 8 = 17$

⑤ $9 + 7 = 16$

⑥ $8 + 5 = 13$

⑦ $7 + 9 = 16$
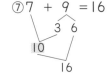

⑧ $9 + 9 = 18$

⑨ $8 + 8 = 16$
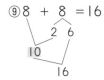

⑩ $7 + 6 = 13$

⑪ $6 + 9 = 15$
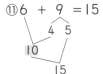

⑫ $8 + 3 = 11$

⑬ $7 + 5 = 12$
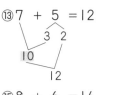

⑭ $6 + 6 = 12$

⑮ $8 + 6 = 14$

⑯ $7 + 7 = 14$

⑰ $9 + 2 = 11$
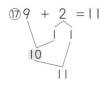

⑱ $8 + 9 = 17$

⑲ $6 + 8 = 14$

⑳ $9 + 3 = 12$
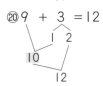

●29ページ

▭内 ①10 ②1 ③4

●30ページ

1 ①6 ②9 ③7 ④8 ⑤2 ⑥4 ⑦7
⑧5 ⑨8 ⑩9 ⑪4 ⑫6 ⑬3 ⑭8
⑮8 ⑯7 ⑰5 ⑱5 ⑲5 ⑳9

◆チェックポイント◆ （十何)−(1けた）でくり下
がりのある計算は，1年生のひき算で，基礎に
なる大切な内容です。
ひかれる数を10との和に分解して，10−(1
けた）をつくることがポイントです。

けいさんの しかた

① $14 - 8 = 6$

② $17 - 8 = 9$

③ $16 - 9 = 7$

④ $14 - 6 = 8$

⑤ $11 - 9 = 2$

⑥ $12 - 8 = 4$

⑦ 13 − 6=7

⑧ 14 − 9=5

⑨ 16 − 8=8

⑩ 18 − 9=9

⑪ 11 − 7=4

⑫ 13 − 7=6

⑬ 12 − 9=3

⑭ 17 − 9=8

⑮ 15 − 7=8

⑯ 15 − 8=7

⑰ 11 − 6=5
⑱ 13 − 8=5

⑲ 12 − 7=5
⑳ 16 − 7=9

●31 ページ

1 ①14 ②11 ③11 ④15 ⑤17 ⑥12
⑦16 ⑧13 ⑨18 ⑩12

2 ①5 ②8 ③4 ④6 ⑤8 ⑥7 ⑦6
⑧9 ⑨8 ⑩3

●32 ページ

1 ①14 ②12 ③16 ④11 ⑤12 ⑥15
⑦11 ⑧13 ⑨6 ⑩7 ⑪9 ⑫8 ⑬6
⑭7 ⑮9 ⑯7

2 ①8 ②5 ③6 ④12

●33 ページ

☐内 ①9 ②13 ③8 ④14

●34 ページ

1 ①14 ②13 ③12 ④12 ⑤14 ⑥14
⑦11 ⑧11 ⑨12 ⑩15 ⑪16 ⑫13
⑬11 ⑭15 ⑮13 ⑯13 ⑰15 ⑱14
⑲13 ⑳12

◆チェックポイント◆ 3つの数のたし算は，左から
右へ順にします。

けいさんの しかた
①2+3+9=5+9=14
②1+6+6=7+6=13
③4+3+5=7+5=12
④1+2+9=3+9=12
⑤6+3+5=9+5=14
⑥3+4+7=7+7=14
⑦1+8+2=9+2=11
⑧4+2+5=6+5=11
⑨2+2+8=4+8=12
⑩7+1+7=8+7=15
⑪8+1+7=9+7=16
⑫3+1+9=4+9=13
⑬1+7+3=8+3=11
⑭2+5+8=7+8=15
⑮2+6+5=8+5=13
⑯4+1+8=5+8=13
⑰5+4+6=9+6=15
⑱3+3+8=6+8=14
⑲5+1+7=6+7=13
⑳3+5+4=8+4=12

●35 ページ

☐内 ①6 ②1 ③7 ④3

●36 ページ

1 ①3 ②2 ③1 ④2 ⑤0 ⑥5 ⑦5
⑧1 ⑨3 ⑩4 ⑪0 ⑫2 ⑬1 ⑭0 ⑮3
⑯1 ⑰4 ⑱4 ⑲4 ⑳1

◆チェックポイント◆ 3つの数のひき算は，左から
右へ順にします。

① $12-7-2=5-2=3$
② $15-8-5=7-5=2$
③ $14-6-7=8-7=1$
④ $13-7-4=6-4=2$
⑤ $11-8-3=3-3=0$
⑥ $15-7-3=8-3=5$
⑦ $13-4-4=9-4=5$
⑧ $18-9-8=9-8=1$
⑨ $14-8-3=6-3=3$
⑩ $11-2-5=9-5=4$
⑪ $12-3-9=9-9=0$
⑫ $13-9-2=4-2=2$
⑬ $11-9-1=2-1=1$
⑭ $12-4-8=8-8=0$
⑮ $15-6-6=9-6=3$
⑯ $11-4-6=7-6=1$
⑰ $16-9-3=7-3=4$
⑱ $17-9-4=8-4=4$
⑲ $11-5-2=6-2=4$
⑳ $14-9-4=5-4=1$

●37 ページ

1　①14　②11　③13　④12　⑤13　⑥16
⑦17　⑧13　⑨14　⑩11　⑪4　⑫5　⑬3
⑭0　⑮1　⑯7　⑰4　⑱2　⑲3　⑳5

●38 ページ

1　①15　②17　③14　④13　⑤4　⑥8
⑦3　⑧0　⑨12　⑩13　⑪15　⑫13
⑬7　⑭0　⑮3　⑯2
2　①6　②2　③9　④2

●39 ページ

1　①13　②11　③7　④5　⑤5　⑥10　⑦9
⑧8　⑨3　⑩7　⑪1　⑫0　⑬16　⑭12
⑮16　⑯18　⑰1　⑱7　⑲0　⑳2

●40 ページ

1　①12　②15　③7　④9　⑤10　⑥11
⑦3　⑧3　⑨15　⑩14　⑪0　⑫6
2　①8　②6　③9　④12　⑤7　⑥5　⑦6

⑧8

●41 ページ

□内　①15　②6　③14　④8

●42 ページ

1　①8　②9　③7　④8　⑤9　⑥9　⑦6
⑧9　⑨7　⑩3　⑪4　⑫8　⑬7　⑭7　⑮5
⑯9　⑰4　⑱8　⑲9　⑳3

◀チェックポイント▶　3つの数の計算は，左から右
へ順にします。

① $6+7-5=13-5=8$
② $5+8-4=13-4=9$
③ $8+6-7=14-7=7$
④ $7+9-8=16-8=8$
⑤ $4+8-3=12-3=9$
⑥ $8+9-8=17-8=9$
⑦ $3+9-6=12-6=6$
⑧ $3+8-2=11-2=9$
⑨ $5+9-7=14-7=7$
⑩ $6+6-9=12-9=3$
⑪ $4+7-7=11-7=4$
⑫ $7+9-8=16-8=8$
⑬ $5+8-6=13-6=7$
⑭ $2+9-4=11-4=7$
⑮ $8+6-9=14-9=5$
⑯ $6+8-5=14-5=9$
⑰ $3+9-8=12-8=4$
⑱ $9+1-2=10-2=8$
⑲ $7+7-5=14-5=9$
⑳ $8+4-9=12-9=3$

●43 ページ

□内　①6　②9　③6　④13

●44 ページ

1　①9　②8　③6　④8　⑤9　⑥8　⑦8
⑧9　⑨8　⑩9　⑪16　⑫12　⑬11
⑭15　⑮13　⑯14　⑰17　⑱15　⑲13

⑳14

⎯チェックポイント⎯　3つの数の計算は，左から右
へ順にします。

けいさんの しかた

①15−7+1=8+1=9
②12−6+2=6+2=8
③11−8+3=3+3=6
④13−6+1=7+1=8
⑤16−9+2=7+2=9
⑥14−7+1=7+1=8
⑦12−8+4=4+4=8
⑧15−9+3=6+3=9
⑨13−7+2=6+2=8
⑩11−5+3=6+3=9
⑪14−6+8=8+8=16
⑫13−9+8=4+8=12
⑬15−7+3=8+3=11
⑭12−3+6=9+6=15
⑮16−8+5=8+5=13
⑯12−6+8=6+8=14
⑰17−9+9=8+9=17
⑱13−4+6=9+6=15
⑲12−5+6=7+6=13
⑳15−8+7=7+7=14

●45 ページ

1 ①7 ②8 ③8 ④7 ⑤8 ⑥4 ⑦7
⑧5 ⑨8 ⑩6 ⑪9 ⑫7 ⑬8 ⑭7 ⑮8
⑯15 ⑰17 ⑱15 ⑲16 ⑳13

●46 ページ

1 ①5 ②8 ③8 ④3 ⑤8 ⑥9 ⑦11
⑧18 ⑨9 ⑩7 ⑪7 ⑫8 ⑬9 ⑭8
⑮12 ⑯14
2 ①8 ②1 ③7 ④7

●47 ページ

☐内 ①10 ②6 ③60 ④10 ⑤10 ⑥100

●48 ページ

1 ①40 ②90 ③60 ④70 ⑤100 ⑥80

⑦90 ⑧40 ⑨70 ⑩90 ⑪50 ⑫100
⑬90 ⑭50 ⑮100 ⑯90

⎯チェックポイント⎯　（何十）+（何十）の計算は，
十の位の数どうしのたし算を考えます。

けいさんの しかた

①10+30 → 10が（1+3）こ → 10が 4こ
　→ 40
②60+30 → 10が（6+3）こ → 10が 9こ
　→ 90
③20+40 → 10が（2+4）こ → 10が 6こ
　→ 60
④40+30 → 10が（4+3）こ → 10が 7こ
　→ 70
⑤40+60 → 10が（4+6）こ → 10が 10こ
　→ 100
⑥10+70 → 10が（1+7）こ → 10が 8こ
　→ 80
⑦50+40 → 10が（5+4）こ → 10が 9こ
　→ 90
⑧20+20 → 10が（2+2）こ → 10が 4こ
　→ 40
⑨60+10 → 10が（6+1）こ → 10が 7こ
　→ 70
⑩20+70 → 10が（2+7）こ → 10が 9こ
　→ 90
⑪20+30 → 10が（2+3）こ → 10が 5こ
　→ 50
⑫10+90 → 10が（1+9）こ → 10が 10こ
　→ 100
⑬30+60 → 10が（3+6）こ → 10が 9こ
　→ 90
⑭40+10 → 10が（4+1）こ → 10が 5こ
　→ 50
⑮30+70 → 10が（3+7）こ → 10が 10こ
　→ 100
⑯70+20 → 10が（7+2）こ → 10が 9こ
　→ 90

2 ①70 ②70 ③60 ④100

こたえ

75

（何十）＋（何十）＋（何十）は，
十の位の数どうしの計算を考えます。
　3つの数の計算は，左から右へ順にするので，
まず前の2つを計算します。

けいさんの しかた

①20＋30＋20 → 10が （2＋3＋2）こ
　→ 10が （5＋2）こ → 10が 7こ → 70
②20＋10＋40 → 10が （2＋1＋4）こ
　→ 10が （3＋4）こ → 10が 7こ → 70
③30＋10＋20 → 10が （3＋1＋2）こ
　→ 10が （4＋2）こ → 10が 6こ → 60
④50＋10＋40 → 10が （5＋1＋4）こ
　→ 10が （6＋4）こ → 10が 10こ → 100

●49ページ

□内　①10　②2　③20　④10　⑤8　⑥80

●50ページ

1　①20　②30　③10　④50　⑤60　⑥30
⑦10　⑧40　⑨20　⑩40　⑪10　⑫40
⑬30　⑭40　⑮60　⑯80

（百，何十）－（何十）の計算
は，10のまとまりを考えます。

けいさんの しかた

①50－30 → 10が （5－3）こ → 10が 2こ
　→ 20
②70－40 → 10が （7－4）こ → 10が 3こ
　→ 30
③70－60 → 10が （7－6）こ → 10が 1こ
　→ 10
④60－10 → 10が （6－1）こ → 10が 5こ
　→ 50
⑤90－30 → 10が （9－3）こ → 10が 6こ
　→ 60
⑥100－70 → 10が （10－7）こ
　→ 10が 3こ → 30
⑦30－20 → 10が （3－2）こ → 10が 1こ
　→ 10
⑧70－30 → 10が （7－3）こ → 10が 4こ

　→ 40
⑨100－80 → 10が （10－8）こ
　→ 10が 2こ → 20
⑩60－20 → 10が （6－2）こ → 10が 4こ
　→ 40
⑪50－40 → 10が （5－4）こ → 10が 1こ
　→ 10
⑫80－40 → 10が （8－4）こ → 10が 4こ
　→ 40
⑬40－10 → 10が （4－1）こ → 10が 3こ
　→ 30
⑭100－60 → 10が （10－6）こ
　→ 10が 4こ → 40
⑮80－20 → 10が （8－2）こ → 10が 6こ
　→ 60
⑯90－10 → 10が （9－1）こ → 10が 8こ
　→ 80

2　①30　②30　③30　④10

（百，何十）－（何十）－（何十）
は，10のまとまりを考えます。
　3つの数の計算は，左から右へ順にするので，
まず前の2つを計算します。

けいさんの しかた

①70－10－30 → 10が （7－1－3）こ
　→ 10が （6－3）こ → 10が 3こ → 30
②80－30－20 → 10が （8－3－2）こ
　→ 10が （5－2）こ → 10が 3こ → 30
③100－50－20 → 10が （10－5－2）こ
　→ 10が （5－2）こ → 10が 3こ → 30
④70－50－10 → 10が （7－5－1）こ
　→ 10が （2－1）こ → 10が 1こ → 10

●51ページ

1　①60　②70　③80　④100　⑤30　⑥80
⑦90　⑧90　⑨100　⑩70
2　①10　②10　③30　④20　⑤20　⑥70
⑦10　⑧30　⑨50　⑩60

●52ページ

1　①70　②90　③80　④80　⑤20　⑥100

⑦40 ⑧20 ⑨90 ⑩40 ⑪50 ⑫30

2 ①40 ②70 ③70 ④100 ⑤20
⑥40 ⑦30 ⑧10

● 53 ページ

☐内 ①45 ②－ ③7 ④37

● 54 ページ

1 ①32 ②56 ③28 ④87 ⑤19 ⑥37
⑦76 ⑧76 ⑨44 ⑩88 ⑪54 ⑫63
⑬29 ⑭68 ⑮74 ⑯88 ⑰43 ⑱29
⑲28 ⑳47

◀チェックポイント▶ （何十何）＋（何）の計算で，
くり上がりのないときは，まず一の位の数どう
しをたし，次に何十と一の位どうしの和をたし
ます。
⑰〜⑳は，十の位と一の位の数字を取り違え
ないように注意させてください。

けいさんの しかた

①30＋2＝32
②53＋3＝50＋3＋3＝50＋6＝56
③27＋1＝20＋7＋1＝20＋8＝28
④80＋7＝87
⑤10＋9＝19
⑥31＋6＝30＋1＋6＝30＋7＝37
⑦74＋2＝70＋4＋2＝70＋6＝76
⑧70＋6＝76
⑨41＋3＝40＋1＋3＝40＋4＝44
⑩86＋2＝80＋6＋2＝80＋8＝88
⑪50＋4＝54
⑫61＋2＝60＋1＋2＝60＋3＝63
⑬25＋4＝20＋5＋4＝20＋9＝29
⑭60＋8＝68
⑮72＋2＝70＋2＋2＝70＋4＝74
⑯83＋5＝80＋3＋5＝80＋8＝88
⑰3＋40＝43
⑱7＋22＝7＋2＋20＝9＋20＝29
⑲8＋20＝28
⑳5＋42＝5＋2＋40＝7＋40＝47

● 55 ページ

☐内 ①50 ②－ ③4 ④34

● 56 ページ

1 ①92 ②70 ③91 ④45 ⑤21 ⑥30
⑦50 ⑧62 ⑨83 ⑩32 ⑪60 ⑫80
⑬77 ⑭45 ⑮20 ⑯13 ⑰27 ⑱54
⑲60 ⑳72

◀チェックポイント▶ （何十何）－（何）の計算で，
くり下がりのないときは，まず一の位の数どう
しをひき，次に何十と一の位どうしの差をたし
ます。

けいさんの しかた

①93－1＝90＋3－1＝90＋2＝92
②76－6＝70＋6－6＝70＋0＝70
③95－4＝90＋5－4＝90＋1＝91
④48－3＝40＋8－3＝40＋5＝45
⑤26－5＝20＋6－5＝20＋1＝21
⑥32－2＝30＋2－2＝30＋0＝30
⑦59－9＝50＋9－9＝50＋0＝50
⑧68－6＝60＋8－6＝60＋2＝62
⑨85－2＝80＋5－2＝80＋3＝83
⑩39－7＝30＋9－7＝30＋2＝32
⑪61－1＝60＋1－1＝60＋0＝60
⑫87－7＝80＋7－7＝80＋0＝80
⑬78－1＝70＋8－1＝70＋7＝77
⑭49－4＝40＋9－4＝40＋5＝45
⑮23－3＝20＋3－3＝20＋0＝20
⑯19－6＝10＋9－6＝10＋3＝13
⑰29－2＝20＋9－2＝20＋7＝27
⑱58－4＝50＋8－4＝50＋4＝54
⑲64－4＝60＋4－4＝60＋0＝60
⑳77－5＝70＋7－5＝70＋2＝72

● 57 ページ

1 ①47 ②13 ③78 ④39 ⑤26 ⑥68
⑦25 ⑧67 ⑨69 ⑩45

2 ①60 ②13 ③24 ④60 ⑤75 ⑥41
⑦30 ⑧64 ⑨90 ⑩95

1 ①45 ②37 ③56 ④77 ⑤39 ⑥89
⑦58 ⑧37 ⑨72 ⑩30 ⑪53 ⑫35
⑬40 ⑭53 ⑮22 ⑯91

2 ①2 ②30 ③4 ④19

1 ①9 ②6 ③12 ④13 ⑤10 ⑥1
⑦12 ⑧15 ⑨9 ⑩8

2 ①70 ②70 ③36 ④55 ⑤29 ⑥30
⑦70 ⑧50 ⑨22 ⑩73

1 ①90 ②100 ③48 ④59 ⑤60 ⑥50
⑦45 ⑧61 ⑨7 ⑩10 ⑪18 ⑫8 ⑬12
⑭4

2 ①5 ②30 ③4 ④47 ⑤5 ⑥8

しんきゅうテスト (1)

1 ①8 ②7 ③7 ④8 ⑤10 ⑥11 ⑦12
⑧12 ⑨12 ⑩16

> けいさんの しかた

⑥4 ＋ 7 ＝11

⑦8 ＋ 4 ＝12

⑧7 ＋ 5 ＝12

⑨9 ＋ 3 ＝12

⑩8 ＋ 8 ＝16

2 ①3 ②2 ③3 ④0 ⑤4 ⑥0 ⑦5
⑧6 ⑨3 ⑩9

> けいさんの しかた

⑦13 － 8＝5
⑧15 － 9＝6

⑨12 － 9＝3
⑩16 － 7＝9

3 ①90 ②50 ③33 ④88 ⑤90 ⑥19
⑦20 ⑧0 ⑨49 ⑩71

> けいさんの しかた

①50＋40 → 10 が (5＋4) こ → 10 が 9 こ
→ 90

②70－20 → 10 が (7－2) こ → 10 が 5 こ
→ 50

③35－2＝30＋5－2＝30＋3＝33

④82＋6＝80＋2＋6＝80＋8＝88

⑤30＋60 → 10 が (3＋6) こ → 10 が 9 こ
→ 90

⑥18+1=10+8+1=10+9=19

⑦25-5=20+5-5=20+0=20

⑧40-40 → 10が (4-4)こ → 10が 0こ
　　→ 0

⑨43+6=40+3+6=40+9=49

⑩75-4=70+5-4=70+1=71

4 ①9 ②0 ③5 ④13 ⑤5 ⑥4 ⑦2
　　⑧14 ⑨4 ⑩15

けいさんの しかた

①4+3+2=7+2=9

②9-5-4=4-4=0

③18-9-4=9-4=5

④3+4+6=7+6=13

⑤8-5+2=3+2=5

⑥2+7-5=9-5=4

⑦6+5-9=11-9=2

⑧12-5+7=7+7=14

⑨4+9-9=13-9=4

⑩14-7+8=7+8=15

しんきゅうテスト ⑵

●63 ページ

1 ①8 ②9 ③10 ④7 ⑤0 ⑥12 ⑦11
　　⑧10 ⑨8 ⑩18

けいさんの しかた

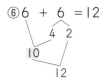 ⑥6 + 6 =12
　　4　2
　10
　　　12

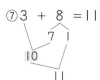 ⑦3 + 8 =11
　　7　1
　10
　　　11

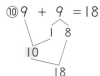 ⑩9 + 9 =18
　　1　8
　10
　　18

2 ①2 ②1 ③3 ④8 ⑤0 ⑥2 ⑦4
　　⑧9 ⑨8 ⑩8

けいさんの しかた

 ⑦12 - 8=4
　2　10
　　　2
　4

 ⑧15 - 6=9
　5　10
　　　4
　9

⑨17 - 9=8

7　10
　1
8

⑩16 - 8=8

6　10
　2
8

●64 ページ

3 ①50 ②50 ③49 ④71 ⑤80 ⑥10
　　⑦99 ⑧65 ⑨57 ⑩79

けいさんの しかた

①30+20 → 10が (3+2)こ → 10が 5こ
　　→ 50

②60-10 → 10が (6-1)こ → 10が 5こ
　　→ 50

③47+2=40+7+2=40+9=49

④76-5=70+6-5=70+1=71

⑤40+40 → 10が (4+4)こ → 10が 8こ
　　→ 80

⑥100-90 → 10が (10-9)こ
　　→ 10が 1こ → 10

⑦92+7=90+2+7=90+9=99

⑧68-3=60+8-3=60+5=65

⑨56+1=50+6+1=50+7=57

⑩75+4=70+5+4=70+9=79

4 ①17 ②2 ③8 ④0 ⑤9 ⑥1 ⑦7
　　⑧11 ⑨17 ⑩1

けいさんの しかた

①4+5+8=9+8=17

②7-3-2=4-2=2

③11-6+3=5+3=8

④1+4-5=5-5=0

⑤2+6+1=8+1=9

⑥13-8-4=5-4=1

⑦8-7+6=1+6=7

⑧5+9-3=14-3=11

⑨15-7+9=8+9=17

⑩3+7-9=10-9=1

しんきゅうテスト (3)

●65 ページ

1 ①6 ②9 ③5 ④9 ⑤10 ⑥8 ⑦15
⑧13 ⑨14 ⑩4

けいさんの しかた

⑦6 + 9 =15
4 5
10
15

⑧5 + 8 =13
5 3
10
13

⑨7 + 7 =14
3 4
10
14

2 ①2 ②0 ③5 ④6 ⑤5 ⑥5 ⑦5
⑧7 ⑨9 ⑩8

けいさんの しかた

⑦11 − 6=5
1 10
4
5

⑧14 − 7=7
4 10
3
7

⑨17 − 8=9
7 10
2
9

⑩13 − 5=8
3 10
5
8

●66 ページ

3 ①80 ②0 ③87 ④65 ⑤70 ⑥30
⑦27 ⑧90 ⑨69 ⑩53

けいさんの しかた

①60+20 → 10 が (6+2) こ → 10 が 8 こ
→ 80

②50−50 → 10 が (5−5) こ → 10 が 0 こ
→ 0

③82+5=80+2+5=80+7=87

④66−1=60+6−1=60+5=65

⑤30+40 → 10 が (3+4) こ → 10 が 7 こ
→ 70

⑥90−60 → 10 が (9−6) こ → 10 が 3 こ
→ 30

⑦23+4=20+3+4=20+7=27

⑧98−8=90+8−8=90+0=90

⑨61+8=60+1+8=60+9=69

⑩56−3=50+6−3=50+3=53

4 ①8 ②1 ③7 ④7 ⑤8 ⑥0 ⑦7
⑧0 ⑨18 ⑩3

けいさんの しかた

①3+1+4=4+4=8

②12−9−2=3−2=1

③7−4+4=3+4=7

④6+9−8=15−8=7

⑤5+2+1=7+1=8

⑥9−6−3=3−3=0

⑦14−8+1=6+1=7

⑧2+5−7=7−7=0

⑨5+4+9=9+9=18

⑩16−7−6=9−6=3